Jacques Babinet

Les Adieux
de 1857
à la Science

essai

ISBN : 978-1540741196

10 9 8 7 6 5 4 3 2 1

Jacques Babinet

Les Adieux de 1857 à la Science

essai

Table de Matières

Les Adieux de 1857 à la Science

Multi pertranslbunt, et augebitur scientia.
BACON.

Qu'a fait pour la science l'année 1857 ? Je commence par signaler cette question comme prématurée, et si j'essaie d'y répondre, c'est en faisant tout de suite mes réserves. Le biographe d'une année qui expire, est à peu près dans la même position que celui qui prononce l'éloge d'un homme qui vient de disparaître : les faits vus de trop près ne sont pas en *bonne perspective*. On peut toutefois, à défaut d'un aperçu définitif, donner quelques indications sur les plus récents progrès de l'esprit humain dans la carrière de l'observation de la nature. Suivre ces progrès en Europe et ailleurs, tel sera l'objet d'une esquissé trop voisine de la période qui finit pour prétendre à la précision de l'histoire ; mais je me console de ce qu'il pourra y avoir ici d'incomplet par cette citation :

L'art d'ennuyer c'est celui de tout dire.

Ce sera donc une chance de moins contre moi.

L'année 1857 est ou était la septième de la sixième décade de ce siècle. L'activité de la vie moderne fait du siècle, je l'ai dit plus d'une fois, une période trop longue, et qu'il est besoin de subdiviser en décades qui soient à la période séculaire ce que la petite période de la semaine est à l'année. Le mot est consacré chez les Grecs, ces Français du monde antique, qui ont parlé de *vieillir un grand nombre de décades d'années* : (citation grecque)

Il est bon que la société universelle règle ses comptes un peu plus souvent que tous les cent ans. L'institution des prix décennaux m'a toujours paru une pensée féconde, propre à éveiller de nobles ambitions et à payer en juste renommée des travaux utiles à tous. Il faut y revenir. Rien au reste n'empêchera que le concours soit universel et que toutes les nations y soient appelées. Il n'y aura plus de frontières pour la pensée. Paris prendra la devise de la Rome moderne : *Urbi*

Jacques Babinet

et orbi. Il dira : « Pour la France et pour le monde entier, aux hommes de génie, le genre humain reconnaissant ! »

Avant d'aller plus loin, je veux répondre à l'inculpation de déprécier la science en la vulgarisant. Copernic disait fièrement : *Les mathématiques sont écrites pour les mathématiciens*, et il avait raison. M. Arago dans ses cours, où les auditeurs se pressaient par centaines, essayait, avec une grande habileté, de faire comprendre aux esprits les moins préparés comment l'astronomie et l'optique étaient arrivées à leurs brillantes découvertes. Il déployait un art infini et une logique profonde dans cette difficile entreprise. Je n'ai point cette prétention. Ce que j'offre au public, ce sont les résultats de la science, et non point ses procédés les plus ingénieux. Qu'un astronome géographe détermine la position d'une localité, par exemple celle de New-York aux États-Unis ; qu'il nous en fasse connaître la longitude et la latitude, qu'il fixe ainsi la longueur des trajets du Nouveau-Monde à l'ancien au travers de l'Atlantique : le public, les industriels qui veulent connaître ou utiliser les résultats du géographe ont-ils besoin de savoir comment ont été péniblement installés et vérifiés les instruments astronomiques, par quelles formules on a conclu des observations les angles et les temps qu'on inscrit dans les éphémérides, et si la longitude a été obtenue par les satellites de Jupiter, par des transports de chronomètres, par une éclipse de soleil, par des occultations d'étoiles, par des culminations, ou enfin par des distances lunaires ? J'ai quelquefois fait ce tour de force de conduire de pourquoi en pourquoi certains esprits curieux et surexcités jusqu'aux limites de nos conceptions mathématiques : j'ai toujours observé que ces notions trop difficiles et entrevues à grand'peine ne faisaient que glisser dans la pensée de ceux qui m'avaient forcé à tâcher de les initier à ces conceptions ardues. C'était un éclair qui ne faisait qu'éblouir sans *éclairer*, et, pour parler moins poétiquement, quand c'étaient des dames qui avaient eu cette belle fantaisie de savoir, la séance se terminait par un complet épuisement de toute aptitude à une attention prolongée, accompagné souvent d'un violent mal de tête.

Il nous reste encore trois années entières de la présente décade, savoir : 1858, 1859 et 1860. Je rappelle que le XIXe siècle a commencé le 1ᵉʳ janvier 1801, inauguré par la découverte de la planète Cérès, qui eut lieu ce jour même à Païenne, et qui honore l'attention vigilante du célèbre astronome Piazzi. Pendant les prochaines années, le ciel sera fort riche en beaux phénomènes, en éclipses, en marées, et en 1861, outre une éclipse totale de soleil, on verra la planète Mercure passer sur le disque de l'astre.

L'année 1857 a continué les années précédentes bien plus qu'elle n'a pris une brillante initiative dans aucun des points de la science. C'est le caractère général de cette année, on peut le dire, au physique et au moral. Les grands phénomènes de la nature et les grandes conceptions de l'esprit humain ont également manqué, mais le fonds social de nos connaissances s'est accru par des récoltes satisfaisantes.

Il est de règle qu'il n'y a jamais plus de sept éclipses, et jamais moins de deux. Il y a toujours au moins deux éclipses de soleil, ce qui a fait qu'en 1857, où il n'y avait en tout que deux éclipses, il n'y a pas eu d'éclipse de lune. Aucune année ne peut donc être plus pauvre en ce genre de phénomènes célestes. Nous aurons en 1858 deux éclipses de soleil et deux éclipses de lune. L'éclipse de soleil du 15 mars 1858 sera pour Paris, et surtout pour l'Angleterre, une des plus belles de ce siècle. C'est au milieu du jour que cette grande éclipse aura lieu. Il ne restera pour Paris qu'un dixième de la surface du soleil non couverte par l'interposition de la lune, et les rayons solaires pénétrant par de petites ouvertures, au lieu de dessiner *des ronds* à l'ordinaire, traceront sur les objets qui les recevront des croissants semblables au croissant de la lune qui vient d'être nouvelle ; enfin les verres et les miroirs ardents ne produiront plus l'inflammation des matières combustibles. Le jour sera très affaibli, et comme à cette époque de l'année c'est la chaleur directe des rayons du soleil qui fait principalement la température du jour, il pourra se faire qu'on ressente pendant quelques minutes un froid très sensible qui du reste sera bien indiqué par le thermomètre, ainsi que je l'ai observé pendant l'éclipse de 1842. La première moitié de ce siècle a eu dix-huit éclipses de soleil visibles à Paris ; il y en aura en tout vingt et une dans la seconde moitié. Après l'éclipse de 1858, il y en aura deux autres assez belles en 1860 et 1861. Toutes seront utiles à l'astronomie physique, car, relativement à la constitution intime de l'astre central de notre monde, on a dit une grande vérité par ce mot bizarre : « Rien n'est si obscur que le soleil. »

L'année 1857 a continué de nous fournir des petites planètes du groupe nombreux qui est entre Mars et Jupiter. C'est pour ainsi dire la monnaie de la planète que Kepler indiquait comme devant manquer entre les deux planètes que je viens de nommer. L'année 1856 nous avait donné cinq de ces petits corps célestes ; nous en avons huit découverts en 1857, ce qui fait en tout cinquante. MM. Pogson, Goldschmidt, Luther et Ferguson se partagent ces conquêtes, mais fort inégalement, car M. Goldschmidt a pour son compte découvert quatre de ces planètes. Sur ces cinquante planètes, deux ont été trouvées en Amérique, à l'observatoire de Washington, par M. Ferguson. On voit combien nous sommes loin des sept planètes de l'antiquité, qui même n'arrivait à ce nombre qu'en mettant, contre toute analogie, le soleil et la lune au rang des planètes.

L'année qui vient de finir a été fort riche en comètes. On en a découvert six. La grande comète de Charles-Quint manque encore. C'est pour 1858 que les calculs astronomiques l'indiquent avec le plus de probabilité. Parmi les six comètes découvertes en 1857, il y en a une qui offre une importance majeure : c'est une réapparition de la comète périodique de Brorsen. Nous voilà donc en possession de cinq comètes dont l'orbite est connue. Ce sont les comètes de Halley, de Encke, de Biela, de Faye, de Brorsen. En général, il ne suffit pas que les calculs faits à une première apparition d'une comète indiquent son retour prochain, il faut au moins une réapparition pour être sûr de la maîtriser par les formules de la mécanique. Ainsi il est arrivé que la comète de Vico, bien attendue et bien cherchée par un beau ciel, n'a pas reparu. Elle a été sans aucun doute disséminée dans l'espace par l'attraction inégale du soleil sur ses diverses parties. La comète de Biéla a été partagée en deux par suite d'actions du même genre. Le spectacle d'une comète passant devant une très petite étoile, et ne l'affaiblissant pas sensiblement, a été observé cette année plusieurs fois. Tout a confirmé l'idée que les comètes ne sont que des amas de poussière à grains fort écartés, et ne trahissant leur existence que par leur visibilité, visibilité qui, même pour les six comètes de cette année, n'a pu être rendue sensible qu'au moyen du télescope. Comme plusieurs de ces comètes suivaient à peu près la même route dans le ciel, on a parlé de la possibilité que plusieurs proviennent d'une même comète séparée en plusieurs par l'action du soleil. On conçoit que, d'après l'extrême ténuité des éléments dont se composent les comètes et le grand éloignement de leurs diverses particules, joints au peu d'action que ces particules exercent les unes sur les autres, il se peut facilement opérer une séparation de leurs éléments sous l'empire des forces étrangères. Lorsque, sous l'action du soleil et de la lune, nos océans sont soulevés et tourmentés de mille manières par les marées, leurs eaux sont énergiquement retenues par la pesanteur, dont l'action de la lune n'est que la neuf-millionième partie. Tout se borne donc à un petit mouvement d'oscillation. Sous une pareille influence, les diverses parties d'une comète très peu consistante seraient arrachées à l'ensemble, et lancées à part dans les espaces célestes.

On m'a demandé de vive voix et par écrit pourquoi on avait vu tant de comètes en 1857, tandis qu'en 1856 on n'en a pas découvert une seule. La raison est qu'on en a beaucoup cherché. Tous les astronomes voulaient trouver la comète tant attendue pour 1868 d'abord, et recalculée ensuite pour 1858, avec deux ans d'incertitude. On demandait à M. Arago pourquoi on trouve plus de comètes en hiver qu'en été. Il répondit : « C'est que les nuits sont deux fois plus longues en hiver. Elles sont de seize heures, tandis qu'en été elles ne durent que huit heures, et de plus il y a en été plusieurs heures d'un crépuscule qui nuit beaucoup à la découverte d'objets si faibles en éclat. » Tout conspire contre les malheureux observateurs du ciel. Si le ciel est couvert ou

Jacques Babinet

même un peu voilé, les objets délicats ne sont plus visibles, et par un beau ciel bien transparent la lumière de la lune, celle des crépuscules et des aurores sont presque aussi nuisibles à la pénétration des instruments dans l'espace. Herschel n'admettait pendant toute une année que quarante heures de parfait fonctionnement pour ses télescopes. Laplace avait proposé de porter les télescopes dans l'atmosphère légère et pure des hautes montagnes. C'est ce qu'a fait en 1856, au pic de Ténériffe, l'excellent astronome royal d'Ecosse, Piazzi Smyth, fils de l'illustre amiral de ce nom, lequel avec une ardeur supérieure aux atteintes de l'âge continue ses recherches sur les corps célestes dans cet observatoire du château d'Hartwell où la restauration vint chercher Louis XVIII. Ce château appartient actuellement au docteur Lee, qui est lui-même un astronome aussi riche en savoir qu'en propriétés seigneuriales, et qui de plus consacre aux arts et aux sciences une partie considérable de ses revenus. La description du château d'Hartwell a été donnée par l'amiral Smyth en un beau volume aussi instructif qu'intéressant. Le docteur Lee est un des membres les plus actifs de la Société astronomique anglaise, qui a tant fait et qui fait tant encore pour la science. C'est dans un de ses derniers bulletins que l'astronome royal M. Airy a donné cette belle dissertation sur les moyens de déterminer la distance du soleil par l'observation de Mars en 1860 et en 1862. Nous sortirons enfin, il faut l'espérer, de la honteuse ignorance qui pèse sur un des points les plus importants de notre système solaire, savoir la distance fondamentale de la terre au soleil, distance sur laquelle il y a encore une incertitude de cinq cent mille lieues de quatre kilomètres. Je ne tiens pas outre mesure à la vie, mais j'avoue que je serais contrarié de mourir avant d'avoir vu disparaître cette tache de la belle science du ciel. Il n'est pas douteux qu'en 1860 et en 1862 comme en 1761 et en 1769, les observateurs se répandront sur les stations les plus favorables de notre globe, et qu'enfin *nous saurons* ! Je regrette de ne pouvoir donner une idée du mémoire de M. Airy, ce que je ne ferais qu'au moyen de longs développements dont les premières assertions seraient oubliées avant que les conséquences définitives en eussent été tirées. Sans doute, M. Piazzi Smyth sera des premiers à porter son expérience, sa précision et son activité sur un des points les plus avantageux. Nous devons à cet astronome des dessins de la lune à diverses phases d'illumination qui surpassent de beaucoup la représentation de nos terrains d'ici-bas. Tout le monde attend avec grande impatience la publication prochaine de ses travaux au pic de Ténériffe, où, dans le moins de temps possible, il a obtenu le maximum de résultats utiles et curieux. Des photographies innombrables et d'une perfection sans pareille ont apporté sous nos yeux les laves du volcan encore actif qui forme la charpente de l'île. Le fameux arbre-dragon, espèce qui appartient exclusivement aux Canaries, s'y montre avec son âge prétendu de cinq mille ans. S'il était vrai, ce serait le patriarche des êtres vivants de notre terre.

L'observatoire Dudley, récemment établi à Albany, capitale politique de l'état de New-York, et qui est sous la direction de M. Gould, a consacré sa première illustration par la découverte de la cinquième comète de cette année. J'ai déjà dit aux lecteurs de la *Revue* que la veuve d'un sénateur de New-York, Mme Blandina Dudley, avait, de concert avec d'autres patriotes d'Albany, fourni des sommes considérables pour la fondation de cet observatoire, auquel la reconnaissance publique a donné le nom de son mari. Dans notre France, où nous avons l'habitude de laisser à l'autorité l'initiative de toutes les créations utiles, et où aucun établissement n'est solide, que sous le patronage du gouvernement, nous ne nous figurons pas ce qu'en Angleterre et aux États-Unis on peut faire et on fait de grandes choses par des institutions privées munies d'une simple charte de reconnaissance légale. Des dons considérables ont été faits à l'observatoire d'Albany ; mais aucun n'égale ceux de Mme Dudley : elle a donné UIL héliomètre du prix de 8,000 dollars (plus de 40,000 francs), et lorsqu'à l'inauguration récente de l'observatoire, pour fonder un revenu fixe aux observateurs, on a demandé. 1 million de francs au dévouement patriotique des citoyens d'Albany, Mme Blandina Dudley a souscrit aussitôt pour le quart de cette somme, savoir 50,000 dollars.

Jacques Babinet

Je n'aborde qu'avec peine et presque avec dégoût l'incroyable panique de fin du monde qui a marqué si singulièrement l'année 1857. Cette épidémie morale d'ignorance fait peu d'honneur aux classes distinguées de la société actuelle qui devraient savoir que dans notre siècle il n'est pas plus permis d'avoir peur des comètes que des revenants, à moins qu'on ne veuille rechercher l'émotion de la peur comme un agrément, suivant le mot de Fontenelle : « Je ne crois pas aux esprits, mais j'en ai peur ! »

J'ai été fort peu sensible à l'honneur qu'on m'a fait en cette circonstance d'appeler mon témoignage à l'appui du bon sens. Dans plusieurs communes de France, on a affiché un extrait de cette *Revue* où je parlais de la ténuité des comètes. Cet extrait a été traduit dans toutes les langues. Il serait trop long et trop fastidieux de raconter tous les traits de délire qui ont été la suite de cette frayeur, dont l'origine n'a pu être retrouvée. Dans l'almanach arménien, qui diffère du nôtre de treize jours, la catastrophe était de rigueur aussi au 13 de juin, en sorte que le monde, après avoir péri à la date du style grégorien, serait mort de nouveau, treize jours plus tard, à la même date du calendrier Julien. Bien plus, ce même calendrier arménien, après avoir prédit la fin du monde pour le 13 juin, annonçait une nouvelle catastrophe pour le 29 du même mois. Nos ancêtres n'avaient-ils pas raison de parler avec Gresset

De guid'ânes et d'almanachs, et cela ne rappelle-t-il pas le prétendu mot du médecin irlandais : « Comment va le malade ? — Il est mort. — Comment mort ? Il n'a donc pas pris ma médecine ? — Au contraire, c'est aussitôt après qu'il a rendu l'âme. — Ah ! s'il ne l'eût pas prise, vous auriez vu bien pis ! » En vérité, on serait tenté de dire au public comme un plaisant à un homme qui parlait à tort et à travers : « Vous devez être bien riche en bon sens ? — Comment ? — Parce que vous en dépensez bien peu ! »

À part les inquiétudes, un grand nombre de personnes ont entrepris des voyages longs et dispendieux, et ont quitté Paris pour aller mourir en famille. La comète maudite m'a valu une centaine de lettres, outre je ne sais combien de visites et de députations collectives d'ateliers. En voilà probablement pour quinze ou vingt ans avant qu'il ne survienne une nouvelle crise, à moins que la science n'y mette ordre en se répandant dans la masse des hommes, ce qui est à désirer plus qu'à espérer d'après l'expérience du passé, malgré Mme de Staël et la perfectibilité du genre humain.

Les saisons semblent avoir en 1857 repris leur cours régulier. Rien ne nous a manqué, pas même l'été de la Saint-Martin, l'une des infaillibilités de notre Europe occidentale. Dans l'état normal, la France, par le vent de sud-ouest, souffle pendant cinq ou six mois sur la Russie à travers les plaines basses de l'Allemagne, et comme après le vent dominant le vent contraire est le sous-dominant, la Russie souffle sur la France par le vent de nord-est pendant six semaines ou deux mois au plus. C'est ce qui nous donne l'hiver, ou du moins les froids en France. Je crois que dans l'état normal c'est en janvier et en février qu'a lieu ce retour du vent sous-dominant. On peut donc raisonnablement attendre du froid à cette époque et des suicides en Angleterre. Comme ce sont toujours les indécisions du temps qui amènent de la neige, il est probable que nous en aurons peu cet hiver, et que par suite les sources et les ruisseaux seront peu abondants en eau l'été prochain. Après ces pronostics vivement réclamés, je prie le public de n'y pas croire plus que moi. Si je vois un peu plus clair que les autres en météorologie, ce n'est pas une raison pour ne pas me croire aveugle.

Le progrès scientifique le plus grand de l'année, et qui sera de plus en plus apprécié, c'est la réception à l'observatoire de Paris du tableau météorologique des diverses parties de la France entière, puis des pays adjacents, puis enfin de la Russie et de l'Algérie. M. Quételet, de Bruxelles, avait, comme moi-même, échoué dans la correspondance nécessaire à un si vaste dessein. C'est à la France qu'appartiendra en définitive l'honneur d'avoir eu la première le bilan météorologique du monde entier. Grâce à cette correspondance, qui devance les ailes du vent sur celles de la foudre (expression poétique pour désigner le télégraphe électrique), nous ne serons pris au dépourvu par aucune des crises atmosphériques qui vont

Jacques Babinet

se propageant graduellement de proche en proche. Un fait récent a prouvé la justesse des prévisions que j'émettais à cet égard dans la *Revue*. À la fin du mois d'octobre dernier, le télégraphe électrique signalait une menace d'inondation provenant des affluents de la Loire vers Blois et Tours. Le maréchal Vaillant, ministre de la guerre, dirigea des travailleurs militaires et des outils sur le point menacé, ce qui fit évanouir jusqu'à la crainte du danger.

L'année 1857 a été marquée par l'*insuccès* (qu'on me permette ce néologisme) du câble transatlantique. Comment croire en effet qu'un assemblage de fils de fer plus petit qu'une bougie ordinaire se laisserait étendre au fond d'une mer très profonde sans accident sur une longueur de mille à douze cents lieues ? Je dis et redis qu'il faut passer par le Groenland. J'ai de plus indiqué la Sibérie, le détroit de Behring, l'Amérique russe, l'Orégon et les États-Unis comme une voie très praticable pour la télégraphie électrique de Londres à New-York, en passant par Saint-Pétersbourg et la Californie. Le détroit de Behring est environ le double du Pas-de-Calais ; mais il est partagé en deux par les îles de Saint-Diomède. Donc nul obstacle de ce côté. J'apprends à l'instant qu'une concession de l'empereur de Russie autorise cette route télégraphique, qui ne laisse craindre aucune impossibilité. Peut-être le trajet par les îles Aléoutiennes, dont le climat est bien moins rigoureux, serait-il préférable. On peut observer que par les Kourilles les Aléoutes se relient avec l'embouchure de l'Amour, occupée par les Russes, au travers du petit détroit reconnu par Lapérouse, savoir la Manche de Tartarie. Ici, comme par le détroit de Behring, rien d'impossible, et de plus on n'aurait à franchir aucun des déserts de la Sibérie, puisqu'on arriverait sur l'Amour par le district des mines, en passant par les localités les plus peuplées de la Sibérie méridionale, qui sont à la latitude de la Belgique et de l'Angleterre. Remarquons que si on a échoué dans la pose du câble transatlantique, on y a gagné du moins la connaissance de ce qu'il fallait éviter dans une si difficile opération : avant de savoir ce qu'il faut faire, il est très utile de savoir ce qu'il ne faut pas faire.

Les câbles électriques de la Méditerranée ont été plus heureux.

Les Adieux de 1857 à la Science

On a pu atteindre l'Algérie, et le bulletin météorologique de notre colonie africaine parvient chaque jour à l'Observatoire. Le câble électrique anglais est arrivé de Sardaigne à Malte et de Malte à Corfou, dans le nord des îles Ioniennes, et sur la côte occidentale de la Grèce ; il arrivera bientôt de là dans l'île de Candie, et de Candie à Alexandrie. Dieu le conduise à Bombay et à Calcutta !

Voilà donc les mers plus sûres que les terres pour les transmissions télégraphiques ! C'est à la France et à M. Bret que l'on doit la télégraphie sous-marine. Je ne cesse de répéter que sans la ferme volonté du chef de la république française d'alors, ni l'Angleterre ne communiquerait avec le continent, ni aucune des communications télégraphiques actuelles n'aurait eu lieu, et qu'on n'eût point créé le câble de cent cinquante lieues qui traversait la Mer-Noire, de Varna à Balaclava, et qui a été si utile pour diriger cette lointaine guerre. Au moyen du câble traversant la Mer-Noire, on recevait des nouvelles stratégiques de la Crimée, comme du temps de Henri IV on eût pu en avoir à Paris de Melun ou de Fontainebleau.

Il est superflu de dire combien les câbles électriques seront utiles pour le perfectionnement de la géographie, en donnant les longitudes aussi exactement que l'on avait autrefois les latitudes. C'est ainsi que Londres a été dernièrement relié à Paris, à Bruxelles et à Berlin, et que les longitudes des divers points de la carte de France seront déterminées bientôt. Pour la connaissance de la figure du globe, les parallèles de Bordeaux et de Brest seront prolongés jusqu'en Asie. Tel était le but du voyage récent de l'astronome impérial de Russie, M. Struve, qui a terminé cette année une mesure de la terre, allant de l'embouchure du Danube jusqu'au cap Nord, sur une échelle supérieure à tout ce qui avait été exécuté d'abord en France, puis dans l'Inde par les Anglais.

Les États-Unis, sous la direction de M. Bâche, arrière-petit-fils de Franklin, travaillent à une *hydrographie des côtes (coast-surrey)* de leur vaste empire, qui occupe un continent tout entier, et qui, mieux encore que l'Europe, peut nourrir deux ou trois cent millions d'hommes. Ce vaste labeur mériterait un examen spécial. Une carte magnétique du plus grand mérite aurait été mentionnée par moi dans ma dernière étude si elle eût été à cette date reçue en Europe.

Il y a d'ailleurs un progrès général à signaler dans les travaux géographiques. L'Allemagne surtout s'y livre avec ardeur, et il convient de recommander à ce propos le recueil de M. Petermann, de Gotha, lequel peut rivaliser avec le *Journal* de la Société géographique d'Angleterre, quoique l'éditeur allemand n'ait pas à sa disposition la vaste correspondance du peuple anglais. Les détails statistiques, la bibliographie géographique du monde entier y sont traités avec une grande supériorité. Du temps de Louis XIV, les Français ne savaient pas l'anglais, mais ils savaient l'allemand. C'est le contraire aujourd'hui : le mieux serait de savoir les deux langues. Or La Fontaine dit :

Mais qui peut tout savoir !

Les belles cartes de la publication de Gotha, parlent heureusement d'elles-mêmes et n'ont pas besoin de traduction.[1]

Le général Sabine, si connu par ses grands travaux sur le magnétisme, du globe, continue ses admirables, publications. J'ai reçu de lui récemment un précieux in-quarto, sur les observations faites à Toronto par ordre du gouvernement anglais. Un de mes amis me faisait des compliments de condoléances sur la conformité de ce beau travail avec ce que j'ai donné récemment dans la *Revue des Deux Mondes* : il prétendait qu'on serait conduit à croire que pour mon article j'avais profité de l'œuvre du savant anglais. Je suis au contraire très honoré d'avoir pris l'état actuel de la science du magnétisme du globe au même point de vue que le général Sabine. Un seul fait que j'ignorais, et que je rétablis ici, sauf vérification, c'est que la lune ne se montre aimantée que par l'influence de la terre, à peu près comme un morceau de fer

---

1 Je dois exprimer à ce propos le regret de voir les géographes de Gotha ne pas tenir suffisamment compte de mon système homalographique. La mappemonde gravée d'après cette projection est la seule qui conserve aux portions de la terre qu'elle représente la grandeur exacte qu'elles ont sur le globe sans plus de déformation du terrain que dans les autres représentations de la surface terrestre.

doux ne devient magnétique que par l'approche d'un aimant.. Cela vient-il de, ce que la lune nous présente constamment le même côté ? Ce fait, une fois admis, est des plus curieux, et j'avoue que je l'ignorais complètement.

Les observatoires naissent, comme par enchantement en Angleterre. La grandeur des fortunes aristocratiques et commerciales la mécanique de terre et de mer cultivée en grand, la nécessité de l'astronomie pour les navigateurs, le nombre et l'habileté des constructeurs d'instruments de précision, tout favorise l'astronomie dans la patrie de Newton, de Bradley et d'Herschel. On peut aussi admettre comme cause secondaire le manque de ces relations de société, ou si l'on veut de civilisation, qui font le charme de la France, et dont la privation porte les Anglais et les Américains à des distractions plus isolées et plus sédentaires.

M. Warren de La Rue, astronome anglais bien connu par d'admirables dessins astronomiques, a cette année appliqué la photographie, à la représentation et à la mesure des objets célestes. La lune, Jupiter, les étoiles, ont donné leurs images, et on a obtenu ainsi un dessin des nuages de Jupiter aussi beau et sans doute encore plus exact que ceux que M. Leverrier a montrés récemment, à l'Académie, des Sciences, et dont l'auteur est M. Chacornac. À force de persévérance, M. de La Rue a obtenu un mécanisme qui laisse l'image de l'astre parfaitement fixe pendant près d'une minute, et permet de la photographier en perfection. De son côté, M. Bond, de l'observatoire américain de Cambridge, près Boston, a continué les travaux de photographie astronomique dont il avait en 1852 pris l'initiative par une belle photographie de la lune.

M. Lassel, de Liverpool, qui, excédé des brumes de l'Angleterre, a transporté ses télescopes à Malte il y a quelques années, a préparé en 1857 la monture et le miroir d'un télescope gigantesque qui rivalisera avec celui de lord Rosse. Il aura quatre pieds anglais de diamètre. Tel était le grand télescope de William Herschel, que j'ai vu à Slough. M. Foucault, par un procédé spécial, a réduit à un poids très maniable les miroirs massifs anciens en même temps qu'il en a augmenté

Jacques Babinet

la perfection. Il a déjà dépassé les instruments de grandeur ordinaire pour aborder les très grands réflecteurs. Toutes les applications que j'ai vues de ses procédés ont dépassé ce que je connaissais jusqu'ici, même après avoir essayé à Slough les miroirs de dix-huit à vingt pouces de M. John Herschel, qui ont si bien fonctionné au cap de Bonne-Espérance. Quant aux Américains, on leur doit la photographie du temps comme celle des étoiles et de la lune, ce qui dispense d'écouter péniblement les battements d'une horloge et laisse l'attention de l'observateur tout entière pour l'œil qui suit l'astre. Au moment du passage, une touche électrique inscrit sur un cadran tournant le moment de l'observation. La précision est plus que doublée par ce commode procédé dû à la jeune science américaine. Malheureusement l'appareil d'horlogerie électrique qui donne ce surcroît de précision est rare, cher et difficile à bien régler, en sorte que presque toujours les astronomes en sont réduits à estimer les fractions de seconde entre deux battements du pendule de l'horloge, chose à quoi M. Arago réussissait merveilleusement, et qui a toujours été au-dessus de mon aptitude observatrice. J'étais donc obligé de me servir d'un compteur à arrêt, avec l'embarras de régler d'avance ce compteur sur l'horloge sidérale de l'Observatoire ou sur un chronomètre portatif. On doit penser que dans une science où, suivant Fontenelle, l'art d'observer est lui-même une très profonde science, l'intelligence humaine a dû faire autant de frais de génie pour les instruments que pour le calcul des inextricables complications des mouvements célestes où chaque astre est influencé par tous les autres. Franklin définissait l'homme l'animal qui sait se faire des *outils*, et quels outils que ceux qui doivent partager et marquer le temps et l'espace dans leurs plus petites subdivisions ! Aussi s'estime-t-on heureux quand on peut s'en procurer n'importe à quel prix. Un héliomètre, un cercle pareil à celui de Greenwich, un grand équatorial, un verre achromatique parfait de quinze pouces anglais de diamètre, sont des instruments dont le prix va de 40 à 50,000 francs, et, comme les rubis, n'en a pas qui veut avec de l'argent. Pour revenir aux outils dont l'usage *caractérise* l'espèce humaine, je me suis curieusement informé auprès des voyageurs qui ont été dans le pays des grands singes si ceux-ci employaient quelques instruments mécaniques, et, hors le bâton employé seulement comme arme, je ne crois pas que leur instinct sache utiliser aucun objet. À l'état domestique, ils apprennent facilement par imitation l'usage de presque tous nos ustensiles, et bien mieux que les autres animaux que l'homme emploie à son service.

Parmi les *outils* non matériels, je mettrai au premier rang la publication des *annales* de l'observatoire de Paris, où M. Leverrier a donné les procédés de calcul qui lui ont si bien servi dans ses nombreuses recherches d'astronomie mathématique. C'est un admirable livre, mais à l'adresse de lecteurs privilégiés, *paucorum hominum*, suivant l'expression d'Horace, quoique dans son genre il rappelle la netteté avec laquelle Lagrange exposait les théories les plus élevées des mathématiques transcendantes. L'introduction, bien moins spéciale, ferait à elle seule un ouvrage utile pour tous. « Voici un livre sur l'analyse infinitésimale, disait Fontenelle au régent en lui faisant hommage d'un traité qu'il venait de publier. — Combien croyez-vous, lui dit le prince, qu'il y ait de savants capables de le comprendre ? — De sept à huit à peu près, et je ne me mets pas de ce nombre ! » L'anecdote ne s'applique à la publication des *Annales* de l'Observatoire qu'en raison du nombre malheureusement fort restreint de ceux qui s'occupent des mouvements planétaires dont Laplace a tiré des lois si belles et si générales, car ceux qui prendront pour guide le livre de M. Leverrier n'éprouveront pas les embarras que suscitait l'étude de la *Mécanique céleste* de Laplace. Ces difficultés étaient telles que l'excellent mathématicien Bowditch, de Boston, aux États-Unis, crut faire assez pour sa propre gloire en publiant une édition de la *Mécanique céleste* accompagnée d'un commentaire explicatif.

Les lecteurs de la *Revue* connaissent l'ouvrage relatif au voyage scientifique du prince Napoléon dans les mers de l'Islande. J'en ai apprécié ici l'importance par rapport aux observations diverses qui ont été recueillies dans cette rapide excursion. On se plaint que je n'ai pas rendu justice à l'écrivain à qui l'on doit la partie dramatique et pittoresque

Jacques Babinet

du voyage, et qui a su entremêler la peinture des mœurs, les incidents de la campagne et l'histoire des localités visitées, de manière à entretenir la curiosité du lecteur, sans écarter toutefois les notions un peu arides qui devaient forcément entrer dans l'ouvrage. J'ai lu avec grand intérêt tout ce que le style facile de M. Charles Edmond (Choieçki) fait passer sous nos yeux, et je place bien volontiers le narrateur du voyage, dont je croyais n'avoir point à parler, au même rang que les autres collaborateurs de l'expédition.

Parmi les conquêtes scientifiques de l'année 1857, il faut compter l'*Astronomie populaire* de M. Arago. Comme l'auteur ne faisait rien imprimer qui en dernier ressort ne me passât sous les yeux, je connais parfaitement tout ce qu'il avait déjà publié. L'*Astronomie populaire*, qui était encore inédite en grande partie, m'offre du nouveau, et je suis étonné de la quantité de matériaux qui sont renfermés dans ce livre. Il est des écrivains dont la réputation est telle qu'on ne peut presque pas y ajouter par des louanges. Dès lors on en parle peu, et c'est une circonstance défavorable que ce silence, même quand il provient de l'admiration. L'*Astronomie populaire* contient tant d'applications originales des principes de l'optique aux phénomènes célestes, que l'auteur a fait un livre vraiment nouveau sur des données anciennement traitées par plusieurs autres avant lui. Il n'a reculé devant aucune question. Ce qu'on ne sait pas généralement, c'est que M. Arago n'empruntait la collaboration de personne. C'est ce que j'avais quelque peine à persuader à l'illustre astronome M. Struve de Saint-Pétersbourg. On voudra bien ne regarder la présente mention de l'*Astronomie* posthume de M. Arago que comme un premier examen d'un ouvrage qui mérite une étude complète et consciencieuse. Il y a là bien des points à examiner, et l'on est étonné de toutes les perspectives qui s'ouvrent à la lecture d'une composition si originale. La traduction anglaise, confiée à des savants de premier mérite donnera sans doute lieu à des additions et à des compléments utiles. Dans sa forme actuelle, on peut dire que cet ouvrage sera utilement lu et médité par les savants comme par les gens du monde qui, forcés de croire sur parole, veulent au moins une garantie dans la compétence de l'auteur qu'ils prennent pour autorité sans contrôle. J'ai souvent réclamé pour chaque partie des sciences un aide-mémoire qui enregistrât toutes nos richesses en chaque genre. L'*Astronomie* de M. Arago est un bon point de départ pour un aide-mémoire astronomique par le grand nombre de questions nouvelles qu'y sont abordées, et toujours par un écrivain qui, à juste titre, parle en maître. Je dirais donc, au public qui me fait l'honneur de me consulter : — Lisez l'*Astronomie populaire* d'Arago. — Je viens de la lire. — Eh bien ! relisez-la.

J'ai toujours examiné avec attention ce qui, dans la physique de la nature, pouvait nous éclairer sur le passage de la terre des époques cosmogoniques, où cette masse était pour ainsi dire en voie de formation, aux époques géologiques, où notre globe, déjà séparé de tout autre corps et même de son satellite, la lune, se constituait comme nous le voyons maintenant, et donnait naissance à tous les produits des périodes géologiques successives, minéraux, végétaux et animaux. J'ai beaucoup insisté, sur la cause qui empêche les eaux de s'infiltrer au travers des crevasses du sol pour laisser la surface à sec, comme cela a lieu pour un terrain meuble qu'on arrose. Le célèbre astronome Lalande revenait sans cesse sur cette nécessité d'admettre que, dans l'intérieur du globe, il devait se trouver d'immenses nappes d'eau provenant des fentes du sol qui auraient donné passage aux réservoirs superficiels. La vraie cause de la non-infiltration des eaux réside dans la chaleur centrale de la terre, qui, à une assez faible profondeur est déjà telle qu'elle réduit en vapeurs et rejette à l'extérieur, en lui faisant rebrousser chemin, toute l'eau qui pénètre dans ses fissures profondes ; mais dans ces immenses profondeurs le liquide, fortement pressé pas une formidable colonne d'eau supérieure et chauffé à une très haute température, doit acquérir des propriétés chimiques toutes nouvelles. Quelques essais anciennement tentés par M. Chevreul, les curieuses expériences de M. Cagniard de La Tour sur ce qu'on pourrait appeler des *liquides élastiques*, avaient déjà montré tout ce que ce sujet peut fournir à la physique et à la chimie. D'importants et heureux résultats étaient aussi dus à

Jacques Babinet

M. de Sénarmont. M. Daubrée vient d'essayer cette méthode
au point de vue géologique. Il a renfermé de l'eau et des
matières diverses dans des tubes de fer qu'il a ensuite chauffés
fortement, et pendant plusieurs semaines successives, pour
examiner les réactions produites, sous la double influence de
la chaleur et des affinités chimiques. On voit qu'il était dans
les mêmes conditions qu'offre le laboratoire de la nature avec
l'eau fortement comprimée et chauffée dans les entrailles de la
terre. Eh bien ! Il a obtenu du quartz anhydre, du pyroxène et
du, charbon de terre dans une eau qui ne pouvait s'évaporer.
Il a obtenu, de même plusieurs formations géologiques
tout à fait inattendues. Ainsi, nous sommes conduits à de
nouveaux points de vue théoriques pour les terrains qui
constituent notre terre. Il paraît que l'eau chauffée *à vapeur
renfermée* change de caractère physique, et M. Daubrée en
a obtenu des produits non moins précieux pour la géologie
que pour la chimie. Un des grands inconvénients de ces
belles recherches, c'est que la vapeur brise parfois les vases
de fer qui la contiennent au grand péril de l'expérimentateur.
Il faut donc recommander au physicien et au chimiste une
prudence extrême, qui contraste souvent avec son impatience
et avec sa témérité naturelles. Lorsque Napoléon Ier apprit la
blessure grave qu'avait reçue Dulong en traitant le chlorure
d'azote, il dit : « Bientôt on parlera du champ du laboratoire
comme du champ de bataille. » Voilà donc entre les mains
de M. Daubrée la voie humide produisant les minéraux,
qui semblaient le plus éloignés d'une pareille origine. La
température à laquelle M. Daubrée a opéré n'est pas celle de
la chaleur rouge ; il a cependant obtenu bien des minéraux
que l'on attribuait anciennement à la voie sèche et au feu. En
poussant ces essais plus loin et en remontant par une plus
forte chaleur à l'époque où la surface de notre globe était
plus chaude qu'aujourd'hui, il est probable qu'il obtiendra de
nouveaux produits analogues à ceux dont la nature semblait
s'être exclusivement réservé la production. — Voilà du feld-
spath. — Eh bien ! ce n'est pas un minéral très rare.— Mais
il a été fait par une opération de laboratoire.— Oh ! alors cet
échantillon est unique au monde !

On me demande aussi où en est l'aluminium, cette espèce d'argent léger et brillant que M. Sainte-Claire Deville a obtenu en masses considérables, grâce à une généreuse subvention de l'empereur, qui voulut encourager cette importante production d'un nouveau métal précieux. Tout le monde connaît l'argile ou terre glaise avec laquelle les sculpteurs modèlent les statues, qui sont ensuite reproduites en plâtre, en marbre et en bronze. C'est aussi avec l'argile que le potier de terre façonne les vases que le feu durcit ensuite et que sont formées les briques ordinaires, dont plusieurs villes, notamment Londres, sont exclusivement bâties. Eh bien ! l'argile cristallisée, transparente et diversement colorée, nous donne le saphir, le rubis et la topaze orientale, de même que le charbon cristallisé nous donne le diamant. Un chimiste allemand, M. Woehler, avait déjà tiré de l'argile quelques grains du métal qu'elle renferme, exactement comme la terre rouge, appelée ocre, renferme le fer. M. Deville, par des procédés admirables de laboratoire, et en opposant l'une à l'autre les affinités chimiques, a isolé le métal nouveau en grandes masses. Le résultat de pareilles recherches avait été ordinairement la découverte de métaux peu brillants, pulvérulents, cassants, impropres au travail du marteau et de la filière, tels que ceux que les anciens alchimistes appelaient demi-métaux, et qui leur semblaient des ébauches imparfaites de la nature. Le silicium et plusieurs autres parents de l'aluminium ne ressemblaient guère à l'argent, au cuivre, au platine, au fer, à l'étain ; l'aluminium s'est trouvé avoir presque toutes les propriétés utiles ou brillantes de ces anciens représentais de l'industrie et de la richesse, avec une légèreté incroyable. Il pèse quatre fois moins que l'argent. Il se prête à tous les ouvrages délicats de l'orfèvrerie, et ses alliages commencent à prendre un rang important dans les arts. Le kilogramme d'argent représente 200 fr., celui de platine 800 fr., le kilogramme d'or vaut 3,000 fr., et enfin celui d'aluminium se livre aujourd'hui à 300 fr. dans deux usines, dont l'une est à Paris et l'autre à Rouen. L'aluminium, à cause de sa dureté et de son peu de poids, est le plus sonore de tous les métaux, et son diapason, à parité de forme, est beaucoup au-dessus

25

de celui des autres métaux. Dans les succès scientifiques comme dans ceux de la vie sociale, plusieurs raisonneurs envieux n'admettent que le hasard. Ils ne veulent pas dire : Tel homme a été habile, mais : Tel homme a été heureux ; d'autres, absolutistes dans leur admiration, veulent que les inventeurs aient tiré tout de leur mérite propre et, comme le voulait Caton, soient à eux-mêmes leurs propres dieux. M. Deville a-t-il été heureux ou habile ? Je crois qu'il a été l'un et l'autre. Il n'est pas donné à tous les chimistes d'enrichir la société d'un nouveau métal précieux.

Les sciences mathématiques ont fait une grande perte en 1857. La mort a frappé l'illustre Cauchy, qui avait embrassé dans ses travaux toutes les parties des mathématiques, en conservant en chacune d'elles une supériorité incontestable. Il avait le sentiment des abstractions analytiques, comme les abeilles ont l'instinct de la construction et de l'approvisionnement des ruches. Il me faudrait bien des pages pour exposer le résultat de toutes ses recherches. J'ai souvent eu avec lui d'interminables conversations d'où je sortais de plus en plus émerveillé de la haute portée de son génie. Je lui avais parlé du calcul des perturbations des planètes dont les révolutions sont pour la durée dans des rapports simples, comme par exemple les planètes Isis ou Hébé, qui mettent deux fois plus de temps que Mars à faire le tour du soleil, ou encore la planète Daphné, qui fait trois révolutions contre une que fait Jupiter. La question au dire de tous est très ardue, mais si elle avait dû être tranchée par quelqu'un, elle l'eût été par Cauchy. La France perd en lui l'auteur de travaux de premier ordre, et de plus ceux qu'il eût encore exécutés. Cauchy nous assurait le premier rang parmi les mathématiciens, et la dignité du caractère rivalisait chez lui avec la profondeur des méditations. Ainsi que Fontenelle l'a dit de Leibnitz, il y avait en lui l'étoffe de plusieurs savants.

Tels sont quelques-uns des faits scientifiques à noter dans l'histoire de l'année qui vient de finir. En définitive, la période que nous venons de retracer a continué honorablement d'enrichir les connaissances humaines. Il n'est pas donné à toutes les époques de moissonner la science. Heureux encore quand on peut la glaner !

ISBN : 978-1540741196

Jacques Babinet